PREPARACIÓN Y AYUDA PARA EL NUEVO CURSO (9)

ÍNDICE DE LA SERIE

9: GRAVEDAD CUÁNTICA

Gravedad cuántica, supersimetría, supergravedad y supercuerdas

Ya hemos visto que la gravedad fue probablemente la primera fuerza que se estudió matemáticamente. Hubo un tiempo pues en qué parecía la mejor comprendida. Sin embargo, con el desarrollo de le teoría cuántica, los físicos consiguieron describir con exactitud las otras tres fuerzas (electromagnetismo, nuclear fuerte y nuclear débil). Pero, curiosamente, los intentos por incluir la gravedad en una sola descripción unificada con las otras fuerzas, han presentado mucha dificultad, y el asunto no se considera resuelto aún. La mejor teoría que tenemos sobre la gravedad se ha resistido tenazmente a fusionarse con la teoría cuántica. Dicho de otra manera, todo intento de cuantizar la gravedad conducía a absurdos matemáticos, como la aparición de cantidades infinitas y cosas así. Encontrar la teoría correcta de la gravedad cuántica se ha convertido en uno de los mayores retos de la física moderna.

En lo que se conoce como "Gravedad cuántica canónica", se descubrió pronto que esto resultaba difícil, debido a las importantes diferencias que hay entre las matemáticas de la relatividad general y la mecánica cuántica; la gravedad surge en la relatividad general, como una consecuencia de la curvatura del espacio-tiempo; en mecánica cuántica, por otro lado, las partículas y las fuerzas se rigen por la ecuación de Schrödinger; hay una ecuación de Schrödinger independiente del tiempo para "ondas estacionarias", pero hay otra dependiente del tiempo, para la evolución de las partículas libres, no confinadas en el interior del átomo. Uno de los problemas principales, conocido como "el problema del tiempo", tiene que ver con la manera tan diferente en que se comporta el "tiempo" en estas dos teorías: La ecuación de Schrödinger dependiente del tiempo, necesita, para definir cómo evolucionan las partículas (ondas) a lo largo del tiempo, incluir la derivación con respecto al tiempo (d/dt), pero aquí el tiempo t, es el mismo que se utiliza en la mecánica clásica. En cambio en la relatividad general la coordenada temporal cambia en los diferentes sistemas de referencia y el espacio-tiempo en bloque forma una variedad, que debe ser invariante ante todo tipo de deformaciones; si esto se representa gráficamente, tanto las coordenadas espaciales como la temporal aparecen curvadas y retorcidas de cualquier manera posible, y según el requisito de covariancia general todas las "formas" posibles de la estructura deben considerarse igualmente válidas. De modo que la expresión simple de derivación con respecto al tiempo (d / dt), no se puede incluir ahí; una de las primeras estrategias para afrontar este problema fue dividir el espacio-tiempo en diferentes "hojas", como si "cortáramos" el bloque espacio-temporal en rebanadas. El espacio-tiempo de la Relatividad General se construye apilando todas esas hojas; cada hoja contiene, por decirlo así, todos los sucesos que son simultáneos en un instante de tiempo; entonces en la fórmula de la métrica, la coordenada temporal se sustituye por dos funciones, la función "lapso" y la función "desplazamiento"; el lapso indica el cambio de la coordenada temporal cuando se pasa de una hoja a otra, y el desplazamiento indica la relación espacial entre los puntos de una hoja y otra; en este enfoque cada hoja es estática; los sucesos físicos que contiene están "congelados en el tiempo"; el flujo del tiempo no se incluye en cada una de ellas, puesto que representan "instantes", en los que no hay ningún cambio; se considera que el tiempo emerge en la estructura de estas hojas apiladas, debido a correlaciones entre los sucesos instantáneos de una hoja y otra; es algo parecido a observar una película filmada en celuloide, toda de una vez; veríamos los diferentes fotogramas en donde los personajes permanecen estáticos, y solo podríamos imaginar cómo se mueven, es decir como "evolucionan en el tiempo", observando las correlaciones que hay entre las posiciones de todo lo que aparece en un fotograma, con las posiciones que aparecen en el siguiente. El "tiempo" no sería entonces algo fundamental; las "hojas estáticas intemporales" lo serían, y a partir de las correlaciones o correspondencias entre las posiciones estáticas de las cosas que hay en una hoja y otra, emergería el concepto de "tiempo" que nos es familiar; nuestra sensación del "flujo del tiempo" se generaría así, a partir de un conjunto de "posiciones estáticas".

Se realizaron también "aproximaciones semiclásicas", en las que el problema de cuantizar la gravedad, se estudió considerando situaciones particulares en las que se piensa que las dos teorías juegan un papel.

Stephen Hawking estudió qué ocurriría en las proximidades de un agujero negro, típico de la Relatividad general, cuando se creasen pares de partículas y antipartículas (un fenómeno típico de la teoría cuántica); descubrió que en algunos casos, en la frontera o límite del agujero negro, llamado "horizonte de sucesos", una de las partículas del par podría caer dentro del agujero negro, mientras que la otra no; entonces el par ya no se aniquilaría, y las partículas que no cayesen en el agujero sobrevivirían; para un observador externo esto se percibiría como si el agujero negro estuviese emitiendo radiación, la llamada "radiación de Hawking".

Roger Penrose desarrolló la idea de "construir" el espacio-tiempo de la Relatividad general, a partir de una característica fundamental de la teoría cuántica, el espín; construyendo un grafo, en el que hay puntos que tienen un valor de espín, y los diferentes puntos están unidos por líneas, formando lo que se llama una "red de espín".

Posteriormente Abhay Asthekar encontró una manera de facilitar los cálculos con las fórmulas de la relatividad general, introduciendo en ellas "nuevas variables"; esto hizo posible que algunos físicos como Lee Smolin y Carlo Rovelli, encontraran nuevas soluciones a las ecuaciones de la relatividad general; estas soluciones parecían representar lazos que se entretejían entre sí, y se asemejaban a las redes de espín originales de Penrose; las "nuevas variables" fueron llamadas "variables de lazo"; una característica importante es que en la medida de "distancia", no importaba para nada como se dispusiesen los lazos en el entramado, puesto que lo único que había que tener en cuenta eran las intersecciones entre los lazos; esto reflejaba de manera excelente la invariancia ante difeomorfismos de la relatividad general; y así surgió la "gravedad cuántica de bucles (o de lazos)".

En la teoría de twistors de Penrose, los rayos de luz y los sucesos intercambian sus papeles, y los primeros se consideran más fundamentales para originar la realidad que percibimos.

Se están siguiendo otros enfoques, como "conjuntos causales", "geometría no conmutativa", "triangulaciones dinámicas causales" y otros.

La supergravedad fue una propuesta que se hizo, en la que partículas tan diferentes como fermiones y bosones forman parte de un único grupo de simetría; los fermiones son las partículas que constituyen la materia, como quarks y electrones; los bosones constituyen los campos, como el fotón para el campo electromagnético; la simetría que los interrelaciona se llama supersimetría.

Las investigaciones teóricas más recientes parecen indicar que, a su vez, la supergravedad es una aproximación de baja energía, a una teoría más amplia: la teoría de supercuerdas.

Albert Einstein, había esclarecido mucho sobre la naturaleza del "tiempo" y su relación con el "espacio" y con las observaciones y percepciones, así como su relación con la velocidad de la luz.

En cierta ocasión, Einstein había escrito una carta a la esposa de un amigo recién fallecido, en la que decía entre otras cosas: "científicos como nosotros sabemos que la distinción entre pasado, presente y futuro, es solo una ilusión, aunque persistente".

En otro escrito Einstein explicaba que era evidente que nuestra percepción y concepción del tiempo estaba íntimamente ligada con esa facultad de nuestra mente y nuestro cerebro que llamamos "memoria".

Los neurocientíficos conocen bien lo que les ocurre a algunas personas, que por alguna disfunción o daño cerebral pierden la capacidad de fijar nuevos recuerdos: en cierto modo tales personas viven en un mundo sin tiempo; para ellos, la vida vuelve a comenzar cada pocos minutos.

Einstein había meditado, cuando solo era un muchacho, en una especie de "experimento mental", sobre que pasaría si de repente una persona comenzase a viajar a la velocidad de la luz.

 La conclusión a la que llegó fue que si ocurriese tal cosa, el tiempo se detendría para esa persona, pues al acompañar en su viaje a la imagen que estaba percibiendo justo en el instante en que comenzó a viajar a la velocidad de la luz, siempre vería permanentemente esa única imagen, instantánea como una foto, estática, congelada en el tiempo; sería como si la "película de la realidad" se hubiese detenido para él, pues los siguientes "fotogramas" no le alcanzarían, a menos que frenase su velocidad.

En una novela escrita por Fred Hoyle, también científico del siglo

XX, que a veces escribía novelas de ciencia ficción, para ilustrar conceptos científicos, la novela titulada: "El primero de octubre es demasiado tarde", éste había ilustrado la manera en la que se podía "construir" el tiempo y la historia, a partir de una gran colección de casilleros que existían todos a la vez y eternamente, una especie de todos los "instantes de tiempo" posibles, desplegados de manera simultánea, estática e intemporal.

Cada casillero contenía todos los datos correspondientes a un "instante", incluyendo los recuerdos grabados en las memorias de todos los personajes presentes en ese ·instante estático.

Los científicos han tenido y siguen teniendo problemas para desarrollar una teoría unificada que tenga en cuenta a la vez, los principios de la teoría cuántica y de la relatividad general; han tenido éxito en conseguirlo con la relatividad especial, y eso parece indicar que las dos teorías deberían tenerse en cuenta a la vez, estar unidas, pues la relatividad especial es un caso límite de la Relatividad General; pero con la relatividad general ha resultado mucho más difícil, y se han hecho muchas diferentes propuestas para resolver el problema, y se siguen estudiando; se identificó pronto que una de las dificultades principales para unificarlas, residía en la manera diferente en que ambas teorías concebían el tiempo, y llamaron a la dificultad "el problema del tiempo".

El físico Julian Barbour, propuso pensar en el Universo como una estructura totalmente intemporal, a la que llamó "Platonia", por su parecido con "el mundo de las ideas" del filósofo griego Platón, un "mundo intemporal" del que emergían las percepciones de nuestro mundo temporal como una especie de proyección.

Platonia consistía en un gran despliegue estático, inmenso y eterno de "capsulas de tiempo", o "instantes", pero cada uno de esos "instantes" estáticos era una estructura muy compleja que contenía grabados los recuerdos de otros "instantes", pero tan bien organizados y estructurados que cuando se activaban por medio de un efecto de "resonancia" con otros "instantes" de Platonia muy semejantes o incluso iguales, se hacían tan intensos que se experimentaban, con todos sus recuerdos grabados, como una historia temporal; los "instantes" no están en el "tiempo" sino que el "tiempo" está en los "instantes", decía Julian Barbour; el "tiempo" no es una cadena de instantes colocados en una secuencia ordenada para formar una "historia", como si fueran los "fotogramas" instantáneos sucesivos de una película de cine; más bien cada "instante" o "capsula de tiempo", es una estructura tan rica y compleja, que contiene todos los "recuerdos" necesarios para construir la "historia", una idea muy parecida a la de los casilleros de Fred Hoyle.

LA RELATIVIDAD ESPECIAL Y SU FRUCTÍFERA UNIÓN CON LA TERÍA CUÁNTICA

La mecánica cuántica se ha conseguido fusionar con la relatividad especial en lo que se conoce como "electrodinámica cuántica". En el espacio cuatridimensional de la relatividad son posibles más "giros" o "transformaciones" que en el tridimensional.

Esto da lugar a más niveles de energía; concretamente aparecen los valores que se necesitan para incluir el desdoblamiento de niveles de energía debido al espín del electrón. El "espín" del electrón aparece así automáticamente en la teoría cuántica relativista. Otra consecuencia de esa ampliación de la "geometría" es la predicción de la antipartícula del electrón (el positrón, o electrón positivo). Las antipartículas han sido detectadas posteriormente y forman la antimateria. Si se junta materia con antimateria ambas desaparecen y se convierten en energía pura (fotones).

Además esta descripción unificada de las interacciones entre electrones y fotones, teniendo en cuenta tanto la relatividad especial como la teoría cuántica, hace necesario un cambio de signo clave, que conduce a que los electrones cumplan el "principio de exclusión", que Pauli había introducido para explicar la Tabla periódica; en la fórmula relativista que relaciona la energía con el momento, la energía aparece elevada al cuadrado, de modo que al efectuar la raíz cuadrada da dos valores posibles, uno positivo y otro negativo; pero en la teoría cuántica hay que incluir en la "función de onda" todas las maneras en que puede ocurrir un proceso, de modo que se incluyen todas las permutaciones entre partículas, permitiendo la teoría , que al hacer los intercambios el signo cambie o permanezca igual; en el caso de partículas de espín semientero, como el electrón, hay cambio de signo y eso garantiza que la energía sea siempre positiva, y también que en la "función de onda" no pueda haber dos electrones con los mismos números cuánticos, o sea, en el mismo estado energético, cumpliéndose así el principio de exclusión.

De modo que aspectos como el espín y el principio de exclusión, que se introdujeron fundamentalmente para concordar con la evidencia experimental, de alguna manera parecen surgir como consecuencia de que las leyes relativistas y cuánticas deben ir juntas.

El concepto de "campo cuántico"

La teoría de la relatividad, como ya vimos, es una consecuencia lógica de la teoría del campo electromagnético. Al fusionarla con la teoría cuántica hace que esta adopte la forma de una teoría de campos, pero con las restricciones que imponen los principios cuánticos. De modo que se habla de "campos cuánticos". Cada campo lleva asociado un cuanto. Por ejemplo, el fotón es el cuanto del campo electromagnético; el electrón es el cuanto del campo de materia del electrón, y así para todas las demás partículas. La estructura de cada campo viene determinada por la estructura matemática que lo describe, llamada "espinor". Cuando hablamos de "partícula" o de "campo cuántico", no podemos separar los dos conceptos, sino que están íntimamente unidos en el conjunto matemático denominado "espinor", que contiene los datos necesarios para calcular las probabilidades de hallar los valores de las diferentes variables o manifestaciones energéticas de cada "partícula cuántica".

Las fuerzas nucleares

El peso atómico de muchos elementos no se podía explicar solo con el número de protones que había en el núcleo de sus átomos. Por lo tanto se dedujo que debería existir en el núcleo una partícula que no contribuye a la carga eléctrica, pero sí contribuye al peso. Se la llamó "neutrón" (por ser eléctricamente neutra).

En los núcleos con más de un protón (todos excepto el hidrógeno), la repulsión eléctrica debería hacer que las cargas del mismo signo se separasen con una fuerza considerable. ¿Cómo pues pueden permanecer unidos en el núcleo los protones cargados positivamente?. Eso prueba que debe existir una nueva fuerza, además de las que hemos considerado hasta ahora (gravedad y electromagnetismo). Esa fuerza debe ser mucho más intensa que la fuerza eléctrica y actuar entre protones y neutrones. Sin embargo su alcance debe ser muy corto (de las dimensiones del núcleo atómico), de modo que cuando dos protones se separan más allá de su alcance, predomina la repulsión eléctrica. El neutrón, que participa en la interacción fuerte, pero es eléctricamente neutro, sin duda contribuye a la estabilidad del núcleo. Pero en los elementos más pesados, los núcleos contienen muchos protones. La distancia entre algunos de ellos rebasa el alcance de la fuerza nuclear fuerte, y la repulsión eléctrica gana; el núcleo por lo tanto emite partículas al exterior. Esa es parte de la explicación de que los elementos más pesados de la tabla periódica sean radiactivos, y de que el número de elementos posibles con núcleos estables esté limitado (eso explica el número de elementos de la tabla periódica).

Se descubrió además que para explicar un tipo de desintegración radiactiva (la desintegración beta), había que apelar a otro tipo de fuerza nuclear. A la interacción entre "partículas" debida a esta otra fuerza se le llama "interacción débil". Hay pues cuatro fuerzas conocidas en el Universo: gravedad, electromagnetismo, nuclear fuerte y nuclear débil.

Física de partículas

Los experimentos a mayores energías que se hacían en grandes aceleradores de partículas, hicieron aparecer una gran cantidad de nuevas "partículas". Como se había hecho con los elementos de la tabla periódica, estas se fueron clasificando según sus propiedades, y así, como ocurrió con la tabla periódica, se fue descubriendo un orden subyacente fundamental, que tal vez podría explicar las propiedades de todas las partículas conocidas. Los protones, neutrones y otras partículas pesadas, por ejemplo, se podían considerar como diferentes combinaciones de unas entidades más fundamentales llamadas "quarks" (El nombre lo tomó el físico Murray Gell-Mann de una novela de James Joyce, "Finnegan´s wake", en la que el escritor hace juegos de palabras; en un lugar de esta obra aparece la expresión: "three quarks for muster Mark!"). Los quarks no se pueden observar por separado porque están fuertemente unidos por unos campos cuánticos cuyos cuantos se denominan gluones (del inglés "glue": pegamento o cola).

La unificación de las fuerzas

La unificación que supuso la teoría de Maxwell del campo electromagnético, es un ejemplo de la importancia de los principios de simetría en física. Supongamos que solo conociéramos la existencia del campo eléctrico. Podemos imaginar una distribución de cargas eléctricas en un determinado lugar. Entre ellas existirán fuerzas debidas al campo eléctrico. Podemos describir numéricamente la intensidad de esas fuerzas entre los diferentes puntos donde se encuentran las cargas. Ahora supongamos que incrementamos el potencial eléctrico en la misma cantidad en todos los puntos, añadiendo más cargas en cada punto, la misma cantidad de ellas. La intensidad de la fuerza, entre los diferentes puntos, será la misma, puesto que dicha intensidad se debe, no al potencial en sí mismo, sino a la diferencia de potencial entre los diferentes puntos cargados. Podemos decir que la intensidad de la fuerza eléctrica es invariante ante cambios globales del potencial eléctrico.

Pero ¿qué ocurre si en vez de un cambio global del potencial eléctrico, hacemos un cambio local, es decir, cambiamos el potencial solo en algunos puntos pero no en otros?; si solo existiera el campo eléctrico la invariancia no se mantendría: Pero, según la teoría de Maxwell, los cambios locales del potencial equivalen a mover las cargas de unos puntos a otros; para hacer cambios locales de potencial, tenemos que mover las cargas, y al hacerlo se genera un campo magnético, de manera que la disminución del potencial eléctrico en un lugar, es compensada por el aumento del potencial magnético, de manera que las ecuaciones de Maxwell se mantienen invariantes, aún bajo cambios locales del potencial. A esta invariancia se le llama "invariancia de calibrado", o "invariancia de contraste" (porque "contrastar" tiene el mismo sentido que "calibrar" o "medir": para medir algo lo comparamos o contrastamos con la "unidad de medida" que usemos; a veces se usa simplemente el término inglés sin traducir "gauge", que aplicaba a cierto instrumento de calibración); el campo magnético actúa así como un "campo compensador"; si pensamos en un sistema de cargas eléctricas en movimiento, el sistema contiene también, en todo momento, las correspondientes variaciones de potencial magnético generadas por el movimiento de las cargas; debido a eso, aunque los potenciales estén cambiando en cada punto, la suma total (potencial eléctrico + potencial magnético, del sistema entero, permanece constante); es parecido a lo que vimos que ocurre en mecánica entre energía cinética y energía potencial. Los físicos dicen que la existencia del campo electromagnético, unificado por su íntima relación expresada en las ecuaciones de Maxwell, es la manera que tiene la naturaleza de mantener una determinada simetría.

Tal vez el origen de los demás campos también se deba a la necesidad de mantener ciertas simetrías. Esta pudiera ser una clave importante; si investigamos las leyes de conservación, las invariancias y las simetrías que se cumplen en el mundo de las partículas subatómicas, tal vez se puedan describir todas con una sola teoría unificada. Las simetrías se estudian con ayuda de una rama de las matemáticas conocida como teoría de grupos. La teoría de quarks fue un avance importante para entender la interacción fuerte. Todas las posibles combinaciones e interacciones de la teoría se describen por medio del grupo denominado SU (3), grupo especial de matrices unitarias unimodulares 3 x 3; el grupo determina todos los intercambios, transformaciones y simetrías que se dan en la interacción fuerte. Para hacernos una idea, retornemos al ejemplo más sencillo del electromagnetismo cuántico, donde interaccionan dos tipos de "partículas" o "campos cuánticos", el electrón y el fotón. La transición de un estado energético a otro, del electrón, se realiza mediante la absorción o emisión de un fotón de frecuencia determinada.

La interacción fuerte funciona de manera semejante, aunque algo más complicada; en electrodinámica cuántica solo intervienen dos campos, electrón y fotón. En cromodinámica cuántica (que es como se llama la teoría que describe la interacción fuerte), intervienen unas cuantas variedades de quarks y gluones, por lo que son posibles más intercambios y más interacciones.

El designar a los quarks por colores es solo una forma de diferenciarlos y de ahí viene la expresión cromodinámica cuántica. No significa que los quarks tengan realmente color.

Vemos que unas partículas se transforman en otras, emitiendo o absorbiendo el intermediario adecuado. Aunque cambian las identidades de las partículas, la suma total de energía, carga y otras propiedades que se conservan, permanece constante, de acuerdo con las correspondientes leyes de conservación; se podría considerar que hay solo una gran superpartícula que es "girada" o "rotada" a diferentes estados, por medio de hacer las transformaciones necesarias, aplicando las matrices adecuadas y sus correspondientes operaciones matemáticas; como ocurría con el campo electromagnético, los cambios de valores en un lugar, se compensan con cambios correspondientes en otros. Se podría considerar que todas las partículas conocidas son diferentes manifestaciones de una misma entidad, cuyas características (como carga, masa, espín y otras) pueden tomar diferentes valores. A su vez se han formulado teorías que intentan unir en un solo esquema las interacciones fuerte y electrodébil. A estas teorías se las llama GUT (teorías de gran unificación).

Unificación electrodébil

La parte de esta teoría que unifica la interacción débil y el electromagnetismo, ya ha sido confirmada por el experimento, al hallarse las partículas mediadoras predichas.

Cromodinámica cuántica

Está representada por el grupo SU (3), grupo especial de matrices unitarias unimodulares 3 x 3; Se considera la teoría correcta de las interacciones fuertes. Al incluir todas las combinaciones posibles de quarks, la teoría predijo nuevas partículas que fueron halladas.

Las GUT y el modelo estándar

Algunas teorías de gran unificación, o GUT que se propusieron en el pasado no han obtenido confirmación experimental; los físicos describen las fuerzas fuerte, débil y electromagnética, con el llamado "modelo estándar", que es simplemente el producto de los tres grupos SU (3) x SU (2) x U (1); las matrices del primero nos dan los elementos que explican la interacción fuerte, el otro la débil y el otro la electromagnética; los elementos del grupo producto de dos grupos son simplemente parejas de elementos, uno de cada grupo; así el producto de grupos del modelo estándar nos da las diferentes partículas y campos mediadores de la interacción fuerte, y por cada uno de ellos, las parejas que forman con el grupo de la interacción débil, y por cada una, las posibles asociaciones con los elementos del grupo que define el electromagnetismo.

www.ingramcontent.com/pod-product-compliance
Lightning Source LLC
Chambersburg PA
CBHW030550220526
45463CB00007B/3047